Juan Luis Caro Becerra

Ordenamiento Territorial yEcológico

Juan Luis Caro Becerra

Ordenamiento Territorial yEcológico

La gentrificación, vulnerabilidad y resiliencia en el Área Metropolitana de Guadalajara

Editorial Académica Española

Imprint
Any brand names and product names mentioned in this book are subject to trademark, brand or patent protection and are trademarks or registered trademarks of their respective holders. The use of brand names, product names, common names, trade names, product descriptions etc. even without a particular marking in this work is in no way to be construed to mean that such names may be regarded as unrestricted in respect of trademark and brand protection legislation and could thus be used by anyone.

Cover image: www.ingimage.com

Publisher:
Editorial Académica Española
is a trademark of
Dodo Books Indian Ocean Ltd. and OmniScriptum S.R.L publishing group

120 High Road, East Finchley, London, N2 9ED, United Kingdom
Str. Armeneasca 28/1, office 1, Chisinau MD-2012, Republic of Moldova, Europe
Managing Directors: Ieva Konstantinova, Victoria Ursu
info@omniscriptum.com

Printed at: see last page
ISBN: 978-620-0-01872-4

La gentrificación, vulnerabilidad y resiliencia en el Área Metropolitana de Guadalajara, un desafío a los planes de Ordenamiento Territorial y Ecológico

M. en C. Juan Luis Caro Becerra

Resumen

Los fraccionamientos de acceso restringido se han convertido en modelos de espacios segregados, dichos modelos producto de políticas sociales y económicas ineficaces, orillan a la población más vulnerable a cohabitar en viviendas con grandes rezagos significativos, ocasionando una mayor fragmentación y propiciando la coexistencia de una sociedad polarizada. El objetivo entonces es encontrar un cambio de paradigma visto desde la urbanización en cuencas hidrográficas, generando metadatos a nivel local con la participación de los ciudadanos, esto con el objeto de buscar alternativas de resiliencia al problema de la gentrificación. La investigación se enfoca en el fraccionamiento Arvento, uno de los lugares más inapropiados e inaccesibles para la vivienda en el Área Metropolitana de Guadalajara, la experiencia participativa del investigador es de suma importancia en asambleas comunitarias y campañas de ayuda en redes sociales fueron de gran relevancia. Por último, para validar los criterios de información se incorporó la triangulación intra-método, al utilizar distintas técnicas cualitativas, principalmente informes institucionales y prensa escrita. Los resultados que se obtuvieron son la construcción de los hidrogramas unitarios triangulares antes y después de la urbanización mediante modelos probabilísticos y estadísticos que se producen en la zona de estudio. Se concluye que la principal problemática sigue siendo un mal manejo de las aguas pluviales principalmente por la falta de infraestructura hidráulica, sobre todo a la hora de autorizar los cambios y usos de suelo, urbanizando grandes extensiones de Áreas Naturales Protegidas, se recomienda una Gestión Integral del Agua ya que dichas medidas a implementar pueden reducir la escasez de agua y por otro evita que grandes volúmenes de agua se desperdicien.

Palabras clave: Vulnerable, gentrificación, vivienda, urbanización.

1. Introducción

Los fraccionamientos en el Área Metropolitana de Guadalajara (AMG) de accesos restringido se han convertido en un nuevo modelo de espacios segregados y de desarrollo en las periferias de las ciudades, principalmente de América Latina. Dichos modelos de desarrollo han sufrido grandes transformaciones significativas en las cuencas urbanas, ya que se trata de viviendas con más restricciones, sobre todo de accesos por falta de transporte, de agua potable y de buena calidad, saneamiento por la recolección y separación de basura, ocasionando a su vez una mayor fragmentación de espacios públicos, propiciando la coexistencia de una sociedad más polarizada (Duhau, 2011).

Uno de los desafíos que enfrenta la humanidad a nivel mundial es contar con una infraestructura hidráulica eficiente que cuente con servicios de agua potable, alcantarillado y saneamiento, sobre todo para la población más vulnerable y con escasos recurso. Contar con servicios técnicos municipales (cobertura del 100% en obras de drenaje y abastecimiento de agua potable, electricidad, servicios médicos, educativos y de recreación) son indispensables para mejorar la calidad de vida de la población, sobre todo en zonas periurbanas que siguen siendo precarios los servicios básicos, sobre todo en las periferias urbanas de AMG, como lo señalamos anteriormente.

Guadalajara, Jalisco es la tercera ciudad del país, con mayor densidad, ha experimentado un acelerado crecimiento a partir del año 2000, propiciando un cambio irreversible de uso de suelo, además de una disminución de recarga a los mantos acuíferos, como consecuencia un aumento desfavorable y considerable de puntos vulnerables a las inundaciones.

Los efectos positivos y negativos son cara de la misma moneda, por un lado, la falta de compromisos por las autoridades competentes de distribuir injustamente los recursos energéticos, naturales y forestales entre ricos y pobre, como lo acontecido en Los Ángeles, California, que podría ser el desastre natural más costoso y de mayor escala en la historia del ese país, algunos afirman que es un evento sin precedente en Estados Unidos (más de 10 mil estructuras dañadas, decenas de miles de habitantes desplazados y las zonas devastadas hasta el día de hoy no se han propagado los incendios por los vientos fuertes y peligrosos, sin duda alguna los fenómenos naturales: sequías e inundaciones tiene implicaciones e irresponsabilidades políticas, ante la crisis del cambio climático global CCG (Brooks, 2025), ya que una gran mayoría minoría concentra la mayor riqueza del planeta, mientras que una gran mayoría en todo el planeta concentra la miseria más cruda (Martínez, 2010).

Dichos modelos de desarrollo de vivienda han ocasionado grandes transformaciones significativas en la periferia del AMG, ya que se trata de viviendas con más restricciones que servicios, que polariza los territorios, creando inseguridad y peligro para la población que habita dichos espacios (Bauman, 2007), además que la urbanización en espacios cerrados atrajo a diferentes clientes de todos los estratos sociales, ya que los esquemas de financiamiento ofrecieron viviendas de menor costo para las clases medias y bajas (Borsdorf, 2002).

Por otro lado, la crisis del agua está relacionada directamente con los efectos adversos del Cambio Climático Global (UN-Water, 2019). El aumento de la variabilidad del ciclo hidrológico, sus consecuencias son catastróficas: inundaciones en zonas urbanas, sequías prolongadas en el norte del país, incendios forestales con pérdidas cuantiosas de grandes extensiones de bosques, como consecuencia los retos son cada vez mayores para asegurar que toda la humanidad tenga acceso a servicios de abastecimiento de agua potable y saneamiento, y sean las sociedades más resilientes y sostenibles (Taiba, 2020).

Sabemos que el agua, sin duda alguna es el recurso más importante para la subsistencia del ser humano, por lo que la calidad de vida de las personas se ve afectada directamente por el acceso a este recurso. A pesar de ser el recurso natural más abundante en nuestro planeta (70% de la superficie terrestre está cubierta de agua) solo el 2% es agua para consumo humano. La disponibilidad de agua en el estado de Jalisco se considera crítica, pues se disponen de menos de 1500 m^3 por habitante al año, muy por debajo de la media nacional que es de 4300 $m^3/hab/año$.

Actualmente las ciudades de Latinoamérica ocupan una gran extensión en comparación con los primeros corredores industriales de crecimiento, son en cierta forma "ciudades dormitorio" como es el caso del municipio de Tlajomulco de Zúñiga, situada al sur del AMG, donde predomina un desordenamiento tanto urbano como territorial a consecuencia del uso del automóvil no colectivo y la traza urbana, produciendo territorios fragmentados y cerrados (Lara, 2017).

México como otras partes del mundo en desarrollo, gran parte de la población vive en condiciones de pobreza extrema, que no cuentan la población con los servicios más básicos de agua potable, alcantarillado y saneamiento, dicho problema estructural es producto de políticas sociales y económicas ineficaces, donde la población no solamente de escasos recursos enfrenta una situación de vulnerabilidad a ciertos peligros latentes: eventos climáticos adversos, desastres naturales o una combinación de ambas (Cardozo, 2019).

El calentamiento global es un fenómeno del tipo antrópico que impacta las condiciones y capacidades productivas del suelo, así como la disponibilidad de los recursos naturales y sus ecosistemas (PNUD, 2009). esto significa menos productividad agrícola, ya que los escenarios señalan grandes pérdidas de cultivos básicos, producto de sequías prolongadas y disminución de precipitaciones, como consecuencia escasez de agua, temperaturas mayores que si superamos el umbral de los 2 °C cambiará de manera sustancial la disponibilidad y distribución de los recursos hídricos: pérdidas de ecosistemas, riesgos a la salud, inundaciones en zonas costeras, así como condiciones climáticas extremas (IPCC, 2007).

Un informe del programa de la ONU para el Medio Ambiente advierte que el mundo va a calentarse entre 2.65 y 2.9 °C este siglo por encima de la Era Preindustrial. Los acuerdos de París (2015) fue un acontecimiento histórico por ser el primer pacto mundial vinculante con el Cambio Climático, que sirvió para mostrar el alto grado de irresponsabilidad de las élites capitalistas frente a la catastrófica situación climática que enfrentamos.

Como consecuencia de lo dicho anteriormente el derretimiento de los glaciares amenaza los aumentos de temperatura en todo el planeta, causando grandes problemas ecológicos y como consecuencia ocasionando grandes inundaciones, modificando los flujos de agua de los sistemas fluviales que son indispensables para la soberanía alimentaria.

La vulnerabilidad y resiliencia son factores condicionantes a los desastres naturales, es decir, no alcanzan a analizar las causas del peligro, pero si son necesarias para predecir (Cardoso, 2019). El estudio de la vulnerabilidad y resiliencia, debe analizar desde el punto de vista holístico, que la amenaza o el peligro no debe desvincularse a las causas que lo producen, ambos conceptos están estrechamente ligados, pues la resiliencia es la capacidad de que la población pueda dotarse de servicios, mecanismos de respuesta frente a los peligros y desastres naturales, ya sean naturales: terremotos y huracanes, o de salud pública como la pandemia Sars-Cov-2, por citar solo algunos *(ibid)*.

Entonces el objetivo de nuestro trabajo es desarrollar una propuesta de Acción de Participación Ciudadana, para detectar problemáticas, tales como: escasez (sequías) e inundaciones (contaminación) que llegan acumularse en la parte baja de la cuenca. Esto se logrará generando metadatos a nivel local con ayuda de la participación de los ciudadanos de los barrios de Arvento, Lomas del Mirador, Chulavista, todos en el territorio de Tlajomulco, con el objeto de proponer propuestas para la gestión del riesgo, además de buscar alternativas de resiliencia para las comunidades afectadas por las sequías e inundaciones, en el contexto del Cambio Climático Global.

El agua y la Sustentabilidad

La pandemia de la Covid 19 (SARS-CoV-2) que brotó tanto a nivel nacional como a nivel mundial a principios del año 2020, pone a prueba las capacidades de resiliencia de las sociedades y los gobiernos que estamos reprobados no solo en materia de salud ante una situación de emergencia sanitaria, sino también en lo que respecta al tema de la Gestión Integral del Agua (GIA).

Dentro de este contexto, Guadalajara, Jalisco la segunda ciudad con mayor densidad de población en el país no es la excepción debido a su vulnerabilidad tanto a la falta de agua como a sus propios excesos que se presentan como eventos hidrometeorológicos extremos.

Dos terceras partes del país sufre escasez de agua y de buena calidad, a su vez la mayoría de los hogares en las zonas suburbanas del Área Metropolitana de Guadalajara (AMG) cuentan con sistemas hidráulicos deficientes.

La falta de agua es una situación mucho más difícil que la propia pandemia, la falta de saneamiento en las cuencas del tipo urbanístico afectan a la gran mayoría de la población en México (González Villareal, 2017), ya que están estrechamente ligadas al desarrollo tecnológico y las políticas desmedidas de privatizar el recurso hídrico, sin duda alguna ha aumentado la calidad de vida de una buena parte de la población.

En los últimos años a nivel mundial han sido notables los efectos del Cambio Climático Global (CCG), las precipitaciones son cada vez de mayor intensidad en corto tiempo, lo que ha ocasionado innumerables inundaciones en todo el planeta, por ejemplo: lluvias que no se habían presentado por décadas a consecuencia de la urbanización son cada vez de mayor riesgo, lo que ha generado una mayor relevancia e interés por la sociedad civil.

El agua es el recurso natural más importante para la subsistencia del ser humano, por lo que la calidad de vida de las personas se ve afectada directamente por la falta de acceso a este recurso. A pesar de que la superficie terrestre del planeta el 70% está cubierta de agua, solo el 2.53% de este recurso vital es apta para consumo humano, por citar solo un caso la situación en nuestro país no solo es crítica sino desfavorable, pues solo se dispone de menos de 1500 m³/ hab/año (Centro Virtual de Información del Agua, 2017) lo que considera la ONU como una fuerte presión de las zonas en veda, cabe señalar que una zona de veda son acuíferos, donde no se autorizan aprovechamientos de agua adicionales a los establecidos legalmente (CONAGUA, 2014).

Uno de los desafíos que enfrenta la humanidad es la construcción de una infraestructura hidráulica eficiente que cuente con servicios de agua potable, alcantarillado y saneamiento, sobre todo para los sectores de la población más vulnerable y con escasos recursos (Duran-Juárez, 2005), Contar con dichos servicios de cobertura en obras de drenaje y abastecimiento de agua potable, son indispensables para mejorar la calidad de vida de la población, sobre todo en zonas suburbanas, ya que siguen siendo precarios los servicios básicos.

En este contexto analizamos la vulnerabilidad a través de diferentes variables, desde su distribución y variabilidad, presentando como caso de estudio el municipio Tlajomulco de Zúñiga y sus barrios que la componen, tomando como punto de partida: inundaciones, escasez de agua, elementos de vulnerabilidad, tales como: riesgos, amenazas e inseguridad, por citar solo algunos.

Por otro lado, los eventos hidrometeorológicos extremos, como el cambio climático, junto con la expansión urbana sin ningún Plan de Ordenamiento Urbano y Territorial, han causado cuantiosos daños en los últimos años, principalmente en la zona sur del AMG, lo que ha ocasionado un elevado aumento de puntos vulnerables a las inundaciones, al igual que islas de calor, incrementando un aumento de temperatura año tras año, por consecuencia mayor vulnerabilidad a la población (Das *et al*, 2023; Darabi *et al*, 2019 y Carrizo, 2018).

Así como los daños expuestos anteriormente, la crisis del agua está relacionada directamente con los efectos adversos del CCG. El aumento de la variabilidad del ciclo hidrológico ha ocasionado consecuencias catastróficas, sequías prolongadas en el centro y norte del país, incendios forestales con pérdidas de grandes extensiones de bosques, como consecuencia los retos son cada vez mayores, para asegurar que toda la humanidad al año 2030 cuente con servicios básicos de abastecimiento de agua potable, además de que las comunidades sean más resilientes y sostenibles, como estrategias de mitigación.

2. Antecedentes

México es uno de los 12 países con mayor diversidad en el mundo, pues ocupa el cuarto lugar en riqueza biótica, se manifiesta por el gran número de especies vegetales y animales en sus diversos ecosistemas. El municipio Tlajomulco de Zúñiga presenta la confluencia de dos grandes regiones biogeográficas: la neártica y la neotropical, lo cual le permite tener excelentes condiciones para una gran biodiversidad faunística y florística (Michel, 2017).

La fauna de nuestro país es una de las más ricas en el mundo, por ejemplo, Canadá y Estados Unidos registran conjuntamente 2187 especies de vertebrados terrestres, mientras que en México existen alrededor de 3032 especies (Flores, 1994).

Por estas y otras razones más el suelo mexicano reúne una elevada proporción de flora y fauna mundial, tan solo el 1.3% de la tierra emergida del mar, concentra entre el 10 y el 15% de las especies terrestres, ocupa el primer lugar mundial en especies reptiles (717), el décimo primero en aves (1150) y es posible que el cuarto lugar en angiospermas (plantas con flor). Estas y otras razones más nos sitúan, como lo señalamos anteriormente, entre los doce países con mayor diversidad (Jiménez, *et al.,* 2014).

Más sin embargo, el municipio Tlajomulco puede perder su riqueza biológica si no se llevan a la práctica los instrumentos del Programa de Ordenamiento, Territorial y Ecológico (POTE), debido a que el Área Metropolitana de Guadalajara (AMG) ha experimentado un notable desarrollo y crecimiento a partir de la década de los 90´s y acelerado después del año 2010, esto ha propiciado que se modifique los cambios de uso de suelo siendo originalmente destinado a la agricultura con altos rendimientos y con densa vegetación de algunos bosques, ahora urbanizados y pavimentados (Torres, 2013).

Dichas dinámicas de crecimiento de población y urbanización en el valle de Tlajomulco han caracterizado a la cuenca en las últimas décadas a enfrentar severos problemas ocasionados con la degradación y el deterioro del medio ambiente (Nápoles, 2022), constituyendo un uso indiscriminado y explotación de sus recursos naturales, hoy en día más que una oportunidad para la población más vulnerable de Tlajomulco es una limitante para el desarrollo.

La cuidad de Tlajomulco ubicada al sur del AMG, es uno de los municipios con mayor crecimiento inmobiliario del país, pues ha experimentado un importante crecimiento a partir del año 2010 y un acelerado crecimiento después del año 2020, lo que ha ocasionado un cambio de uso de suelo, alteraciones de los escurrimientos naturales, así como un aumento considerable de puntos vulnerables a las inundaciones y como consecuencia una disminución de filtraciones de agua a los mantos freáticos. Cabe señalar que la mayor parte de su superficie pertenece a la cuenca El Ahogado, donde se ha caracterizado que en los últimos años, tan solo una intensidad de lluvia de $15\,mm/hr$ es lo suficiente para provocar encharcamientos e inundaciones de alturas considerables (Valdivia, 2022).

La cuenca El Ahogado asentada en un medio de origen neovolcánico tipo extrusivo, presenta variaciones climáticas que influyen en la presencia de numerosas comunicades vegetales dispuestas en tipos de suelos contrastantes. Como resultado la biodiversidad es extensa y ofrece numerosos servicios ambientales a la población (Chávez, 2015). Cabe señalar que la mayor parte de su territorio de la cuenca hidrográfica El Ahogado le pertenece al municipio de Tlajomulco, su superficie que ocupa es de aproximadamente el 48% de su territorio y su uso habitacional es alrededor del 40% y según los planes de desarrollo municipal le da la posibilidad de aumentar hasta un 50% (De Anda, 2022).

La gran mayoría de las colonias y fraccionamientos del municipio son zonas vulnerables a las inundaciones y desastres naturales, las causas principales siguen siendo las prácticas agrícolas denominadas roza-tumba-quema, principalmente en la mancha urbana, lo que conlleva a malas prácticas, pero sobre todo a la falta de aplicación de instrumentos de Ordenamiento Territorial y Ecológico.

Con base en los censos del Instituto Nacional de Estadística y Geografía (Inegi, 1990, 2000, 2010) el aumento de densidad de población de Tlajomulco ha estado por encima de AMG, con tasas de crecimiento del orden del 13%, mientras que a nivel metropolitano oscila alrededor de 2.5% respectivamente. Como lo señalamos anteriormente para el año 2015 Tlajomulco de Zúñiga, contaba con una población de 549,442 habitantes (Ingei, 2015), lo que equivaldría al 11% del total de habitantes del AMG, como se puede apreciar en las tablas 1 y 2.

Además de las reservas naturales, la situación de los asentamientos indica que a mediano plazo el 50% del área estará por urbanizarse. Actualmente el área forestada es del 60%, pero podría reducirse hasta un 40% con base a los planes parciales de desarrollo urbanos que se lleguen a implementar (Inegi, 2020). Aunado a esto, la intensa actividad agropecuaria y en los últimos años la agricultura tecnificada de la producción de agave, han repercutido en una pérdida constante de cobertura vegetal y degradación lo que ha ocasionado daños irreversibles, como empobrecimiento y erosión de los suelos.

Estos cambios y usos de suelo antes mencionados, los podemos apreciar en toda la zona valles, siendo predominantemente de uso agrícola a uno totalmente urbanizado (sin ningún plan de Desarrollo Urbano), ya que la infraestructura tanto de captación de aguas pluviales, como pozos de absorción para la recarga de mantos acuíferos, no es capaz de desalojar los volúmenes precipitados por tormentas torrenciales (Valdivia, 2000).

Estos transformaciones y alteraciones en el ciclo hidrológico del agua, principalmente la disminución de infiltraciones naturales de agua pluvial al subsuelo, como consecuencia se tienen identificados alrededor de 350 puntos vulnerables a las inundaciones en el AMG, como se muestra en la figura 1 (*ibid,* 2020), de los cuales 100 puntos se han presentado en el municipio de Tlajomulco. Por consiguiente, se presentan problemas hidrológicos en la parte baja de la cuenca, cubierta la mayoría por desarrollos habitacionales dado que muchas cauces o arroyos naturales han sido modificados, invadidos o incluso desaparecidos (Ramírez, 2012).

población	1990	1990	2000	2000	2010	2010
	localidades	población	localidades	población	localidades	población
1-99	166	1661	203	3362	221	8651
100-999	16	7649	8	2624	8	5201
1000-1999	7	9672	11	16820	16	28732
2000-4499	4	23773	3	18851	7	24721
5000-9999	3	23773	3	42958	9	66780
10,000-14,999			1	16177	5	60492
15000-19,999					5	135114
20,000-99,999					1	86935
totales					272	416,626

Tabla 1. Evolución de crecimiento en las principales localidades de Tlajomulco de Zúñiga, Jalisco
Fuente: Inegi (1990, 2000, 2010)

Localidades de más de 10000 hab.	1990	1990	2000	2000	2010	2010
	localidades	habitantes	localidad	habitantes	localidad	habitantes
Hacienda Santa Fe					22821	86935
San Agustín			3046	14355	7390	30424
Tlajomulco	2215	11567	3099	16177	7085	30273
San Sebastián			2861	13908	6263	30273
Santa Cruz del Valle					5671	26866
Lomas del Sur					5016	19413
Real del Valle					3701	13949
Lomas de San Agustín					2936	11836
Villas de la Hacienda					2800	11078
La Tijera					2796	12425
Santa Cruz de las Flores					2869	11204
Total	2215	11567	11795	59135	69148	282541

Tabla 2. Evolución de crecimiento en el municipio de Tlajomulco de Zúñiga, Jalisco
Fuente: Hernández García (2020)

2.1 Planteamiento del problema

El crecimiento urbano sin un plan de Ordenamiento Territorial y Ecológico es la verdadera causa y consecuencia de los desastres naturales, en otras palabras, las políticas públicas que se han implementado no han servido de mucho, pues el verdadero problema radica en la falta de mantenimiento y operación de las Plantas de Tratamiento de Aguas Residuales (Tucci, 2006).

De las centralidades propuestas por el Imeplan en su POTMet para la determinación de la gestión de riesgos y desastres, enfatiza que a pesar de la infraestructura pluvial construida en el sur del AMG, los puntos de riesgo por inundación siguen incrementándose año tras año.

En cuanto a zonas vulnerables a las inundaciones (Valdivia, 2021) ha identificado por lo menos 100 puntos, entre ellos: Villas de la Hacienda, Jardines del Eden, Geovillas, La Arbolada y Villa Fontana, Real del Valle, Santa Fe, Chulavista, Unión del Cuatro, por citar solo algunas, pues uno de los alcances de este trabajo es determinar gastos picos con periodos de retorno Tr desde 2 hasta 100 años, con base en modelos probabilísticos y estadísticos, con el objeto de identificar llanuras de inundaciones, como se muestra en la figura 1.

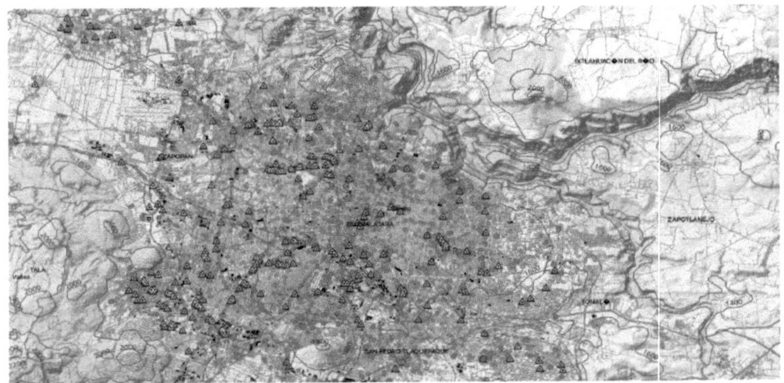

Figura 1. Puntos vulnerables a las inundaciones en el AMG
Fuente: Sistema de Información y Gestión Metropolitana, 2023

Las verdaderas causas y consecuencias de las inundaciones, han sido prácticamente por una mala GIA, en síntesis, una red de drenaje y alcantarillado construida en la década de los 80, como consecuencia la red de drenaje es ya obsoleta, lo que se busca alcanzar a corto y mediano plazo es implementar infraestructura hidráulica y sanitaria mucho más eficiente y libre de fugas domiciliarias.

Por otro lado, un diseño insuficiente de las bocas de tormenta, así como su ubicación de las mismas, esto a consecuencia de un crecimiento acelerado y mal planeado sin ningún Plan de Desarrollo Urbano, como lo señalamos anteriormente. Aunado lo dicho anteriormente un desconocimiento total de la topografía de la zona Valles de Tlajomulco (zonas invadidas por predios irregulares que originalmente la pertenecen a los causes y arroyos).

2.3 Problema de estudio

La cuenca del Ahogado se localiza al sureste del AMG (20° 38′N y 103° 15′W), donde se extiende junto al río Santiago (a una altura de 1550 msnm) con una extensión de 520 km². Abarca porciones de cinco de los 12 municipios del AMG, las cuales se dividen en: 48% del territorio para Tlajomulco de Zúñiga, 21% Tlaquepaque, 13% El Salto, 13% Zapopan, 5% Tonalá, además de 30 has para Guadalajara (De Anda, 2022).

Dicha cuenca se divide en 13 subcuencas de acuerdo a su importancia y magnitud: Arroyo de en Medio, El Maleno, El Cuervo, El Mulato, El Guayabo, La Teja, Arroyo Seco, La Rusia, El Cuervo de Abajo y tres porciones del territorio que pertenecen a la presa El Ahogado (Aguilar, 2005), entre ellas la subcuenca Presa El Guayabo, donde se tienen plenamente identificados alrededor de 50 puntos vulnerable a las inundaciones, por tal razón se ha propuesto una serie de obras hidráulicas como obras de control de inundaciones principalmente vasos reguladores en la parte baja de la cuenca.

La subcuenca presa El Guayabo forma parte la cuenca El Ahogado y se localiza en el municipio de Tlajomulco de Zúñiga, Jalisco, entre las coordenadas geográficas 103° 25' de longitud y 20° 31' de latitud a una altura media de 1555 msnm (Chávez, 2015) atraviesa como sus puntos sociales y económicos de mayor relevancia el poblado de San Sebastián El Grande, en cuanto a sus servicios básicos el 90% de la población cuenta con servicios de infraestructura hidráulica y de alcantarillado sanitario y pluvial, sus cauces y arroyos de mayor importancia son arroyo San Juanate y Arroyo Seco ambos afluentes son tratados en la Planta de Tratamiento de Aguas Residuales PTAR El Ahogado.

Ante los eventos hidrometeorológicos extremos presentados en los últimos años y las consecuencias que estos han originado en el AMG, las autoridades han implementado instrumentos, tales como: Plan de Ordenamiento Territorial Metropolitano (POTMet, 2016), Plan de Acción para el Cambio Climático en el AMG, Atlas de Riesgo Metropolitano, así como la Agenda Hídrica para el AMG (Imeplan 2016 e Imeplan-UNAM, 2021). Dichos instrumentos fueron desarrollados e implementados entre el año 2015 y 2021 y muestran un compromiso con la gestión de riesgos asociados a la crisis climática, pero sobre todo al crecimiento urbano y desordenado.

Estos planes de Ordenamiento Urbano y Territorial que señalamos anteriormente, nos ha llevado a buscar cambios de paradigma en materia de manejo de cuencas, lo cual nos ha llevado a introducir el concepto Impacto Hidrológico Cero (IHC), el cual toma la idea de que el incremento de áreas impermeabilizadas dentro de las ciudades, no debe de aumentar los caudales picos dentro de lo permitido, estimado por modelos hidrológicos *lluvia-escurrimiento*, por lo que si estos se controlan se pueden evitar inundaciones en zonas vulnerables.

El IHC se debe de aplicar al ejecutar un proyecto de desarrollo sea del tipo urbano, industrial, agropecuario, de infraestructura, de transporte o una combinación de estas y si no se produce alguna modificación al ciclo hidrológico del agua en su estado natural o generando el menor impacto posible, entonces se están cumpliendo las metas y objetivos del IHC (USGS, 2019).

Aspectos Naturales

La subcuenca el Guayabo se divide en dos microcuencas, de acuerdo al Programa de Ordenamiento Ecológico Local de Tlajomulco, estas son: arroyo Seco-San Juanate con una superficie de 49.37 km² y la Culebra-Colorado con una extensión de 39.57 km². La primera recoge los escurrimientos de los arroyos que le dan el mismo nombre y termina en la confluencia con el arroyo Seco y sus afluentes, integra las aguas provenientes de la microcuenca y desembocan en la presa El Guayabo, mientras que la microcuenca La Culebra-Colorado contiene una porción relevante de áreas no urbanizadas.

La microcuenca arroyo San Juanate al contar con las partes más bajas de la subcuenca contiene las localidades de Santa Anita, San Agustín y San Sebastián, estas tres localidades concentran la mayor parte de la población del municipio de Tlajomulco de Zúñiga, Jalisco (Aguilera, 2015), como se muestra en la figura 2.

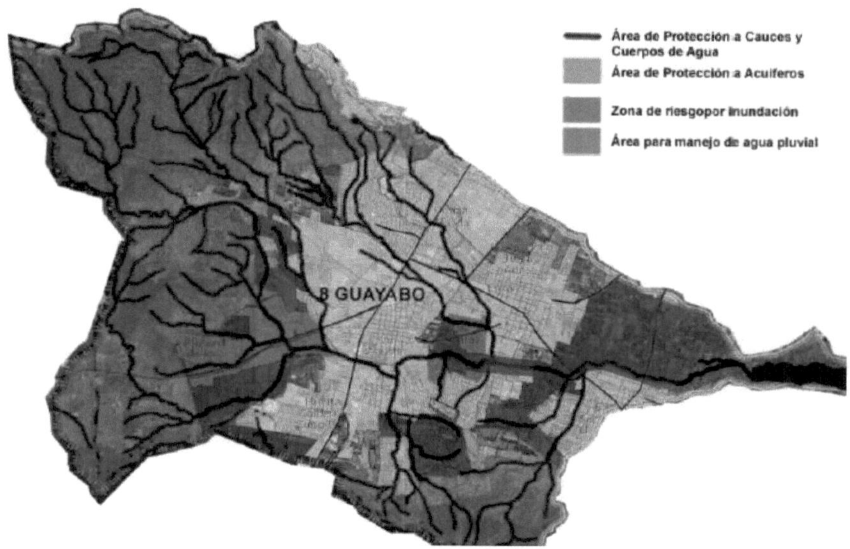

Figura 2. Caracterización fisiográfica de la subcuenca presa El Guayabo
Fuente: Aguilera-Cortez, 2015

3. Contexto del estado del arte y justificación del proyecto

Según Pesaresi, *et al.* (2017) a escala global 2700 millones de personas son vulnerables a terremotos, alrededor de 1000 millones a inundaciones y 414 millones se encuentran expuestas a la erupción de volcanes, Tan solo en los últimos 10 años en América Latina y el Caribe, los desastres naturales han superado la cifra de 45,000 personas fallecidas y 62 millones de personas a causa de los desastres se han quedado sepultados sus hogares y bienes materiales, cifras solo superado por el continente asiático (UNDRR, 2015).

Dichas condiciones geográficas, geológicas y geomorfológicas exponen al continente americano en un lugar vulnerable a las amenazas naturales, aunado a esto un aumento insostenible de pobreza urbana, desigualdades sociales, degradación ambiental, pero, sobre todo, una falta de instrumentación de Ordenamiento Territorial y Ecológico con enfoque de riesgos y desastres en el manejo de cuencas (Alcántara-Ayala, 2019).

Urbanización con Impacto Hidrológico Cero. El nuevo paradigma

Existen muchas formas de poder controlar los efectos de la urbanización, es solo pensar y aparecen muchas de formar de realizar procesos de Retención-Detección de las aguas de lluvia, obviamente todas estas valoradas desde el aspecto técnico y pasar de una medida no estructural que es la planeación correcta del sistema de evacuación de las aguas de lluvias a las medidas estructurales que consta de las obras de control, las cuales son básicamente necesarias inclusive indispensables para disminuir el caudal pico del hidrograma de las avenidas que se producen y se acumulan aguas abajo (Caro, 2018).

Sin embargo, en algunos sitios donde se producen precipitaciones de larga duración es necesario evaluar el volumen de precipitación para saber si nuestra obra logra bajar el pico máximo del hidrograma o solo lo retrasará, ya que las obras de drenaje son previstas para que logren evacuar el caudal máximo y si este es superado estaríamos teniendo las consecuencias ya conocidas debido a los fenómenos hidrometeorológicos extremos (Ponce, 2008).

La urbanización es un fenómeno que se aceleró en las últimas décadas (se pronostica que en los próximos años el 90% de la población se concentre en ciudades medianas y metrópolis) y eso conlleva a una exacerbada concentración de la utilización de los recursos naturales, combustibles y materias primas, así como la eliminación de grandes cantidades de residuos sólidos y una mala calidad del aire por la alta emisión de Gases de Efecto Invernadero (GEI), por citar solo algunos (Bárcena, 2001).

Por otro lado, el problema radica desde los modelos obsoletos de planeación urbana y territorial, ya que los cambios de usos de suelo para densidades bajas al crear edificios cuya infraestructura en zonas de barrio no están diseñadas para densidades altas de población y los efectos los notamos en un aumento irreversible de tráfico, disminución de presión de agua o que los edificios causen que se pierda la vista y el ocultamiento de la luz del sol (Eibenschutz, 2022).

Por ejemplo, en los últimos años a nivel internacional y debido a los efectos del Cambio Climático (CCG) ha ocasionado innumerables inundaciones en todo el planeta (Olcina, 2008) y ha estado tomando fuerza e interés por la sociedad civil la ciencia de la hidrología en el manejo sustentable de las aguas pluviales, esto se observa en los claros avances en la materia tanto en la CDMX, como en la ciudad de Guadalajara, las dos metrópolis más importantes.

La iniciativa surge con el objeto de lograr un mejor manejo de las escorrentías superficiales y así de esta manera lograr controlar y mitigar las inundaciones en las partes bajas de la cuenca de los escurrimientos provocados aguas arriba, al aumentar el tránsito de avenidas de manera súbita e irreversible.

El cambio de paradigma a seguir visto desde el manejo de cuencas, es modificar las acciones antropogénicas de manera racional priorizando la conservación del medio ambiente y sus recursos naturales (Moreira, 2018), tal es el caso del municipio de Tlajomulco de Zúñiga, el cual se ha implementado bajo la idea de que los incrementos de áreas impermeabilizadas dentro de las ciudades no aumenten los caudales picos, es decir, si estos se conservan, se pueden controlar las inundaciones en la partes bajas de la cuenca, que es donde se producen los mayores efectos colaterales.

3.1 Vulnerabilidad y resiliencia

Para los países en vías de desarrollo, la vulnerabilidad social es una de las causas de las causas de fondo de las fragilidades ante el proceso de riesgo-desastre (Wisner, *et al*, 2004). Por lo que la resiliencia en los últimos años se ha centrado en casos de éxito de comunidades que se han recuperado con escasa o nula asistencia externa (Tierney, 2014, Manyena, 2006). es por ello, que el concepto de resiliencia en los últimos años, se ha enfocado en la Reducción de Riesgos y Desastres (RRD), siendo aceptado por la Organización de las Naciones Unidas (Bocco, 2019). Mientras que la RRD se ha contextualizado en términos espaciales, ya sea:

a) Para cuantificar y dañar un sistema físico
b) Para evaluar la fragilidad y daños ambientes a causa de construcciones
c) Para analizar las pérdidas de sistemas socioeconómicos (Bobrowsky, 2013)

Por otro lado, la resiliencia hasta a principios del siglo XXI es la respuesta de recuperación de un desastre a daños materiales (Kendra, *et al,* 2018; Macías, 2015). Mientras que para la Oficina de las Naciones Unidas para la Reducción del Riesgo de Desastres (UNDRR, 2015), la resiliencia se concibe como la capacidad de un sistema expuesto a un peligro de origen natural, para recuperarse eficazmente, lograr la restauración y mejora de las estructuras.

Sin embargo, (Norris, *et al,* 2008) engloban el concepto de resiliencia bajo tres aspectos:

a) Ciencias de la ingeniería: es la capacidad de resistencia de un material para regresar a su estado original, incluida la velocidad con la que un cuerpo mantiene su equilibrio después de su desplazamiento

b) Ciencias del desarrollo sostenible: es la capacidad de mantener un ecosistema sin cambiar su estructura original, es decir, es la capacidad de adaptarse a un sistema complejo

c) Ciencias socioecológicas: la capacidad que tienen los individuos para resistir y recuperarse en el contexto de experiencias adversas.

Como justificación del proyecto podemos mencionar, que en los últimos años a nivel internacional y debido a los efectos del Cambio Climático Global CCG, el tema de riesgos y desastres ha estado tomando cada vez más fuerza e interés en la sociedad civil, temas relacionados a la vulnerabilidad y seguridad hídrica y sobre todo al manejo sustentable de las aguas pluviales, esto se observa los claros avances de las dos metrópolis más importantes del país, la ciudad de México y Guadalajara.

La iniciativa surge con el fin de lograr un manejo adecuado de las escorrentías superficiales y subterráneas, de esta manera poder controlar las inundaciones en las partes bajas de la cuenca, por los escurrimientos generados aguas arriba y el posible aumento del tránsito de avenidas aguas abajo.

La implementación de las obras hidráulicas, tales como: bocas de tormenta, vasos reguladores, vertederos, etc. se debe principalmente al crecimiento de una expansión desordenada de las ciudades, tal es el claro ejemplo de Tlajomulco de Zúñiga, el cual se llevó a cabo, bajo la idea de que el incremento de áreas impermeabilizadas aumentan los caudales picos, pero si estos se conservan y se hacen trabajos de dragados periódicamente, se pueden controlar las posibles inundaciones que ocurren en la parte baja de la cuenca.

a. Caso de estudio

Nuestro caso de estudio se enfoca en el fraccionamiento Arvento, uno de los lugares más inaccesibles e inapropiados del AMG, además de ser susceptible a las inundaciones como a la escasez de agua en temporadas de estiaje (como la ocurrida en el año 2023 y 2024). Esto se debe principalmente a que la morfología del fraccionamiento Arvento es un polígono irregular (sus lotificaciones prácticamente son edificios que tienen formas regulares con tendencias ortogonales), como se muestra en la figura 2, cuyo diseño obedece a elementos naturales, como sus relieves, cabe señalar que el desarrollo fue promovido por le empresa Casas Geo, como un espacio cercano a uno de los cuerpos de agua más importantes del estado de Jalisco, el lago de Cajititlán.

Figura 2. Arquitectura del fraccionamiento Arvento con marcadas tendencias ortogonales y edificación en serie
Fuente: Muñoz, 2024

3.2 Los Sistemas de Captación de Agua de Lluvia (SCALL). El cambio de paradigma de los próximos años

Los Sistemas de Captación de Aguas de Lluvia (SCALL) son instalaciones para recolectar el agua de lluvia y posteriormente su reutilización. Aunque el agua de lluvia no sea potable, es posible que con un adecuado tratamiento y filtrado de sedimentos sólidos puede ser fácilmente utilizada, esto con el objeto de minimizar la huella hídrica. Cabe señalar que el objetivo de nuestro trabajo además de la captación de agua de lluvia, es buscar alternativas de solución a la escasez de agua en el fraccionamiento Arvento.

Según (Legorreta, 2006) el agua es un derecho universal tanto físico como subjetivo, que debe ser concebido como tal, de libre acceso y en extremo necesario para la vida, por otra parte, el agua es un recurso vital tanto para la producción vegetal como para la sobrevivencia de los seres vivos, dicha importancia no solamente tiene que ver con las funciones cíclicas para las plantas y animales, sino también por sus características dinámicas en dichos procesos (Wambeke-Vieria, 2013).

La utilización mundial de los recursos naturales tiene impactos favorables y desfavorables cada vez mayores en la sociedad y su gran demanda amenaza con superar a la oferta en muchas partes del mundo, por lo que urge reducir su demanda (Rascón, 2012).

Debido a su demanda uso y gestión del agua en todo el país, se han creado figuras perversas de ciudadanos tanto de primera como de segunda clase donde los habitantes de mayores ingresos económicos o que habitan en zonas de mayor plusvalía son los principales beneficiarios del recurso hídrico (Aguilar, 2015). Bajo esta perspectiva del calentamiento global, el problema de la escasez del agua tiende a volverse más complejo, sobre todo en zonas donde se tiene un gran déficit del recurso hídrico, ya sea por la reducción de precipitaciones como ocurre en la mayor parte del país o tal vez por el aumento de temperaturas o simplemente por no saber reutilizar el agua de lluvia.

Evaluación de proyecto SCALL

Para alcanzar soluciones basadas en la naturaleza, debemos incorporar nuevos enfoques tecnológicos en vivienda sustentable y ecológica, esto para buscar estrategias de resiliencia frente a la crisis climática. De aquí surge el tema de la Captación de Agua de Lluvia en las ciudades periféricas, que, si no la aprovechamos inmediatamente y almacenarla por medio de tinacos o cisternas, simplemente vemos ese gran desperdicio de agua de lluvia por las calles, que no fue aprovechada en su momento y fluye fuera de las zonas de interés o de la cuenca hidrográfica de estudio y pasa a otras fases del ciclo hidrológico (Viería, 2013).

Desde el punto de vista hidrológico el uso y manejo del agua debe orientarse a la búsqueda de un mejor aprovechamiento de este recurso en sus diversas fases y formas dentro del ciclo hidrológico, ya que es de suma importancia conocer los parámetros que componen dicho ciclo.

Buscar la mejor alternativa de ejecución es situarse en escenarios hipotéticos, como plantearse retos a corto y mediano plazo para el cumplimiento de las metas iniciales, en otras palabras, conocer de forma detallada la relación costo-beneficio de un proyecto y si es viable o no invertir en dicho proyecto, ya que una buena decisión es posible para:

- Mejorar la toma de decisiones
- Identificar los principales riesgos
- Promover un alto grado de optimización
- Reducir los costos del proyecto

El planificador o constructor del SCALL es el responsable de identificar las potenciales fuentes de contaminación del agua de lluvia para diseñar las estrategias de desinfección, esto con el objeto de asegurar que un SCALL está produciendo agua de lluvia de alta calidad, por lo que es necesario realizar pruebas que consisten en tomar muestras de agua para su correspondiente análisis.

Las posibles fuentes de contaminación pueden ser: materia fecal, animales muertos e insectos ubicados en los techos de las viviendas, canaletas y en contenedores de almacenamiento.

Pasos generales para el diseño integrado de un SCALL

Como primer paso debemos de evaluar el predio a construir, esto para entender a fondo las condiciones, necesidades del cliente, así como requisitos reglamentarios plasmados en las normativas de la Comisión Nacional de Agua y Comisión Estatal del Agua del estado de Jalisco, por citar solo algunos.

Posteriormente desarrollar una estrategia de captación y aprovechamiento de agua basado en los resultados de evaluación del predio y por supuesto en los principios de diseño, como en la evaluación técnica, social y económica. Por último, elaborar un plan detallado del proyecto SCALL con el propósito de guiar la implementación del proyecto.

Evaluación del predio

Para la evaluación del predio, lo primero que debemos de identificar es el tipo de edificación, ya sea residencial o comercial y por supuesto cuales fueron las iniciativas para la construcción de u SCALL, tales como:

- Suministrar de agua potable para uso domestico
- Reducir inundaciones
- Agua para ganado
- Control de incendios
- Construcciones de piscinas, por citar solo algunos

Cálculo de Potencial de Captación de Agua de Lluvia (POTCALL)

Existen dos enfoques para el cálculo de los sistemas de captación de agua de lluvia: el de la oferta y el enfoque de demanda. En el primer enfoque se busca diseñar un almacenamiento para captar la mayor cantidad de agua de lluvia. El segundo, plantea la necesidad de diseñar un tanque de almacenamiento, con base en el volumen a almacenar, tomando en cuenta los usos que se le dará al agua de lluvia.

Para obtener un buen diseño, es necesario medir la zona de captación con la mayor precisión. El área total del techo no es suficiente para medir la huella de captación, la cual determinará el área que captará el agua. Además del área de captación es necesario identificar las azoteas, así como sus bajantes para observar hacia donde se dirigen.

Por ejemplo, una superficie áspera y/o absorbente transporta menos lluvia que una superficie lisa, por lo tanto, reducen la eficiencia de recolección de los SCALL al permitir que el agua se evapore o sea absorbida.

Cálculo de la demanda

Una vez que sabemos cuánta agua podemos almacenar, lo que sigue es saber cuánta agua se consume en la edificación o en el proyecto a construir, esto para analizar que tanto puede coadyuvar a la demanda de quienes van a habitar en el proyecto. Como todo proyecto el primer paso es recolectar información climatológica de la zona de estudio, de la base de datos del Servicio Meteorológico Nacional, así como lecturas de medidores de agua y/o medidores de pozos, pero sobre todo datos proporcionados por empresas de servicios públicos, gobiernos locales, universidades, etc. en relación con el consumo de agua.

Fórmula para calcular la demanda

Como segundo paso para diseñar un SCALL es calcular la demanda de agua que nos permita determinar el agua necesaria para satisfacer las necesidades de los usuarios (Novak, 2014), es decir:

$$Demanda = Dot * NDP * NDD \qquad \text{ecn. 1}$$

donde:

Demanda = lt

NDP = número de habitantes

Dot = dotación $lt/hab/día$

NDD = número de días

De acuerdo a la Organización Mundial de la Salud (OMS), una persona requiere 100 lt de agua al día, para satisfacer sus necesidades de consumo, como de higiene, dicha dotación de agua es lo que una persona diariamente necesita para cumplir con las condiciones físicas y biológicas de su cuerpo. De acuerdo a la fórmula de (Becerril, 2014), se tiene que:

$$\# \, personas = \# \, recamaras * 2 + 1 \qquad\qquad \text{ecn. 2}$$

Por ejemplo, para una casa-habitación de 3 recamaras, se tiene que:
$$\# \, personas = 3 * 2 + 1 = 7 \text{ hab.}$$

Mientras que la demanda será:
$$Demanda = 150 \, lt/hab/día * 7 * 365 = 383{,}250 \, lt/año$$

Porcentaje de coadyuvancia (Ic)

El índice de coadyuvancia es la relación entre el potencial de agua de lluvia y la demanda, ya que nos permite identificar los porcentajes de coadyuvancia, por ejemplo, valores bajos, significa que la captación de agua de lluvia es muy limitada, entonces debe evaluarse con cuidado la viabilidad técnica-económica-social.

$$Ic = \frac{POTCALL}{Demanda} * 100 \qquad\qquad \text{ecn. 3}$$

Los pasos a seguir son los siguientes:
1. Calcular el suministro disponible de agua de lluvia
2. Identificar la demanda de agua para un proyecto en particular
3. Determinar que porción de demanda debe ser satisfecha por el agua de lluvia considerando limitaciones en cuanto a costo de almacenamiento y espacio

Para calcular el POTCALL que se puede recolectar, multiplicamos primero la precipitación promedio de la estación climatológica, que este caso se tomó la estación Tlajomulco con un promedio de 65 mm por el área de la superficie del techo en m², que en este caso se tomó una vivienda de 6 * 17, lo que nos da una superficie de 102 m².

$$Ic = \frac{6630}{383,250} * 100 = 1.72\%$$

SCALL en edificaciones construidas

Las edificaciones fueron construidas sin contemplar el funcionamiento de los SCALL. Para estos casos es necesario dentro de la planeación realizar un análisis cuidadoso para evaluar la posibilidad de realizar la adaptación sin comprometer la eficiencia de otros sistemas y del mismo SCALL.

- Presencia de infraestructura en la azotea

La presencia de sistemas de aire acondicionado a través de ductos y máquinas propicia la presencia de metales pesados en la superficie de la azotea, por lo que desprenden partículas oxidadas.

- Funcionamiento de los sistemas de suministro

En caso de sistemas combinados y a presión, ambos tienen cisterna como parte de su funcionamiento, para estos casos existe la posibilidad de utilizar cisternas con el propósito de llenarla de agua de lluvia.

- Funcionamiento de sistemas sanitarios

En ocasiones los bajantes se encuentran ahogados en columnas estructurales lo que complica su manejo, ya que tendría que romperse para realizar su operación y esto complicaría la adaptación del SCALL para este tipo de edificaciones.

3.2.1 Diseño de área de captación

La mayoría de los edificios actuales cuentan con un diseño arquitectónico específico aprovechado o reestructurado para alcanzar los objetivos del sistema de captación, por lo que se necesita centralizar en algún punto el volumen de agua que recibe el área de captación.

Las canaletas deberán coincidir y dirigir el flujo de agua hacia los elementos de almacenamiento primario de filtración y tratamiento, los tipos de materiales a implementar en las cubiertas de los techos, son muy variados, desde materiales lisos hasta tejas de asfaltos, a continuación, se hace un listado:

- Vidrio
- Metal (acero galvanizado pintado, flexible inoxidable, con un revestimiento de aleación de 20% estaño y 80% plomo)
- Membrana de material EDPM (Terpolímero de Etileno Propileno Dieno), PCV (Policloruro de Vinilo), poliéster
- Tejas de asfalto
- Techos enrollados: fibra de vidrio, madera, arcilla y concreto
- Paneles de vidrio, plástico o fibra de vidrio
- Techos verdes: cubierta ajardinada parcial o totalmente cubierta de vegetación.

Figura 3. Instalación e implementación de un SCALL, en el Centro Universitario
Tlajomulco
Fuente: Caro, 2025

3.2.2 Consideraciones para la calidad y cantidad del agua de lluvia

El POTCALL depende de la cantidad de agua que se precipita (magnitud) y de la frecuencia. Entre más frecuentes sean las tormentas, el agua de lluvia transportará al dispositivo de aguas de primeras lluvias menos contaminantes. Por lo que no es deseable captar mayor agua de lluvia para aumentar la oferta, ya que esto ayuda a mantener limpia la superficie de captación (Kinkade-Levario, 2009).

Otro aspecto a considerar es la proximidad del SCALL a ciertas actividades: agricultura, construcción, avenidas con alta acumulación de vehículos ya que la generación de contaminantes es mayor (Novak, 2014).

Para diseñar un techo para una nueva edificación es necesario prevenir que el agua se acumule por periodos prolongados, debido a la poca pendiente en los techos o por la capacidad insuficiente de las canaletas o bajantes por estar mal diseñado, sabemos que el agua estancada propicia el crecimiento biológico que degrada la calidad del agua.

Conducciones

Están formadas por canaletas con bajantes los cuales conducen el agua de lluvia desde el techo a los dispositivos de primeras lluvias y estos a su vez a las cisternas o tanques de almacenamiento.

La mayoría de los edificios nuevos cuentan con un diseño especifico de salidas, así como canales para desahogar lluvia, el cual puede ser aprovechado o reestructurado para alcanzar los objetivos del sistema de captación.

Canaletas

Su función es juntar el agua de lluvia que va cayendo por los bordes del techo inclinado hasta que llegue al tubo de bajada de agua, el cual se encarga de drenar el agua que pasó por la canaleta a un lugar alejado de la casa en donde pueda caer sin generar problemas o filtraciones.

En el sistema SCALL las canaletas conducen el agua desde la superficie de captación hacia los bajantes, sus formas geométricas son cuadradas, rectangulares o semicírculo y un ancho mínimo de 5 a 6 plg.

Existen varios tipos de canaleta según el material que está fabricado, por ejemplo, en el mercado tienen en existencia canaletas de aluminio, con la ventaja que son de alta durabilidad y fácil instalación, pero con la desventaja es que son propensas a las abolladuras, por eso se debe de tener cuidado cuando te inclines sobre una escalera, cabe señalar que son más económicas que las de plástico.

Canaletas de plástico

Son las más ligeras y más económicas en el marcado, son de fácil instalación debido a su facilidad de corte, son resistentes a los golpes. Cabe señalar que independientemente del tipo de material, es importante colocar a lo largo de la canaleta y a la entrada de los sumideros antes de entrar al bajante, mallas de filtrado del número 4, con el objeto de impedir que las hojas de árbol ingresen y así evitar que la basura sea retenida por una malla colocada justo antes de entrar al bajante.

Dispositivos de primeras lluvias

Es cierto que las primeras lluvias son las más contaminadas, por lo que se recomienda que desviar suficiente agua para reducir efectivamente contaminantes sin reducir la cantidad de agua almacenada (Kim *et al,* 2005).

Nuestro diseño es claro que es una edificación que no contemplaba el funcionamiento de los SCALL. Para estos casos es necesario dentro de la planeación elaborar un análisis cuidadoso para evaluar la posibilidad de realizar la adaptación sin comprometer la eficiencia de otros sistemas y del mismo SCALL:

Tlaloque

Su función es separar la parte más sucia de cada lluvia para que no entre a la cisterna. El tlaloque permite conectar superficies hasta 200 m^2 para zonas rurales y hasta 100 m^2 para zonas urbanas, también permite elegir cuantos litros de lluvia vas a separar (Isla Urbana, 2020).

El funcionamiento del tlaloque se puede resumir en que el agua de lluvia cae por un tajante que viene desde la azotea y entra al cuerpo del separador del tlaloque hasta llegar a la perforación que el usuario hace en el tubo principal, creando un tapón de agua y evitando que el aire tenga salida como se muestra en la figura 4. Además de que las primeras aguas de lluvia arrastran la mayor parte de la contaminación acumulada por el aire.

Figura 4. Instalación e implementación del tlaloque o separado de basura en el Centro Universitario Tlajomulco
Fuente: Caro, 2025

La característica principal del tlaloque es ser autodrenable y esto permite que el equipo sea de fácil mantenimiento por ser de fondo cónico y no es necesario lavarlo internamente sin afectar su funcionamiento, gracias a que la válvula de salida con un perno permite el vaciado lento y controlado.

3.3 Calidad del agua

Para obtener un valor verdadero de una muestra en particular, es necesario analizar diferentes propiedades, tales como: temperatura, eutrofización, color, turbidez, conductividad eléctrica, dureza, por citar solo algunos (Tebbut, 2001), dichas propiedades podemos obtener las principales características, físico-químicas y biológicas del agua.

Eutrofización

La eutrofización en el enriquecimiento de bacterias de nutrientes en un ecosistema acuático, comienza cuando el agua recibe un vertido de nutrientes, provocando así un crecimiento de algas y otras plantas verdes que cubren la superficie del agua, evitando que la luz solar llegue a las capas inferiores.

Color

Toda agua potable debe ser transparente y por consiguiente no poseer partículas insolubles en suspensión, como: limos, arcillas, materia mineral, algas, etc. la presencia de color en el agua, es un indicador de calidad deficiente (Ambientum, 2022).

Turbidez

Temperatura

Es uno de los indicadores más importantes de la calidad del agua. La temperatura afecta la química del agua, así como las funciones de los organismos acuáticos, por lo que la temperatura influye en:

- La cantidad de oxigeno que se puede disolver en el agua
- Velocidad de fotosíntesis de las algas y otras plantas acuáticas
- Velocidad metabólica de los organismos
- La sensibilidad de organismos a desechos tóxicos, parásitos y enfermedades
- Épocas de reproducción, migración y estimación de organismos acuáticos

Sabor

La apreciación sensitiva del sabor solo deberá hacerse en los casos en que se conozca su origen, que son seguras para beber, en síntesis, nunca es recomendable probar un agua en la que se desconoce su origen (Ambientum, 2022).

4. Metodología (materiales y métodos, tecnicas de recolección de datos)

Para alcanzar los objetivos específicos se hizo una investigación detallada sobre el tipo de vivienda, áreas públicas y equipamiento urbano existente, donde la mayoria de los servicios se concentra en la cabecera municipal.

En términos metodológicos, este trabajo articula elementos de información de Acción de Participación Ciudadana (APC). Para ello se utilizaron entrevistas y cuestionarios sobre promoción, tipo de vivienda y conexiones de las principales vialidades.

La experiencia participativa directa del investigador es de vital importancia, ya que la participación directa de la población en asambleas comunitarias, campañas de ayuda a los damnificados, por citar solo algunos. Por último, para validar los criterios de información cruzada se incorporó la triangulación intra método (Given, 2008) al utilizar distintas técnicas cualitativas de datos, principalmente informes institucionales y prensa escrita.

Las entrevistas nos facilitaron a detectar información sobre la población que percibe un cierto poder adquisitivo viven cerca de las principales avenidas de acceso al fraccionamiento, como la avenida Adolf B. Horn Jr. y el circuito metropolitano sur Vicente Fernández, mientras que los residentes que viven a más de 3 km de distancia de las principales avenidas, se detectó una disminución del valor de la plusvalía de sus viviendas, con respecto a las que se encuentran más cercanos de los principales avenidas y centros educativos existentes en la región como la Preparatoria Cajititlán y la Universidad Politécnica de la Zona Metropolitana de Guadalajara.

Los hallazgos de información sobre las personas entrevistadas en materia de precio de vivienda fueron las siguientes: en el fraccionamiento Arvento se entrevistó a personas que pagaron $390,000.00 por vivienda, además se intensificó que una persona dadas sus actividades laborales, permitió identificar un patrón del valor de los materiales, así como su nivel de ingresos de sus residentes en función de su ubicación en el interior del fraccionamiento, como lo señalamos anteriormente Arvento presenta una forma alargada con una longitud de 2.5 km, como se muestra en la figura 3.

Figura 3. Imagen satelital del fraccionamiento Arvento
Fuente: earth.google.com

El fraccionamiento Arvento actualmente constituye la parte norte del pueblo de Cajititlán, al norte del lago de Chapala, sus coordenadas geográficas son 20° 26′ de latitud norte y 103° 18′ de longitud oeste. Su superficie es de aproximadamente 289 hectareas, con base en el último censo de 2020 y el Instituto Nacional de Estadistica y Geografía (Inegi, 2020) indica que de las 5165 viviendas construidas, solo 3350 viviendas se encuentran habitadas.

Figura 4. Equipamiento urbano y áreas públicas en el fracconamiento Arvento
Fuente: Muñoz, 2024

4.1 Factores restrictivos a la urbanización

Analizando los factores naturales destacan los por su carácter restrictivo los siguientes aspectos:

- Se encontró que la mayor parte del área de estudio registra una penciente menor al 2 ‰, la cual presenta restricciones a la conducción de las aguas pluviales, esto debido a las carencias de infraestructura, que presenta serios problemas de inundaciones, en prácticamente todo el municipio de Tlajomulco, sobre todo la colonia Eucaliptos, Chulavista y el fraccionamiento Arvento.

- La construcción de enormes fraccionamientos implementada por el gobierno del estado de Jalisco, de financiar vivienda masiva para las clases más desfavorecidas, es decir, entregar créditos a las grandes inmobiliarias para que estos puedan construir vivienda de bajo costo, con consecuencias catastróficas como fraccionamientos construidos en zonas inundables, sin servicios de agua potable, altas probabilidades de derrumbes.

- El potencial agroecológico de los suelos está clasificado como agrícola intensiva, lo que deberá tomarse en cuenta para tomas las medidas necesarias de Protección, Conservación y Manejo de las áreas Naturales Protegidas, en particular el cerro Viejo.

Un factor importante en el análisis hidrológico es el coeficiente de escorrentía, ya que determina la capacidad que tiene el suelo para retener, evaporar e infiltrar las aguas pluviales. El coeficiente de escorrentía se define como la relación entre la lámina de agua precipitada sobre una superficie y la lámina de agua que escurre superficialmente.

Esta relación se puede obtener por métodos experimentales, sin embargo, existen coeficientes de escorrentía asociados a los tipos de suelos obtenidos del Manual de Agua Potable y Alcantarillado (MAPAS, 2018), los cuales se muestran en la siguiente tabla 3.

Tipo de área drenada		
	Mínimo	Máximo
Zona Comercial	0.75	0.95
Vecindario	0.50	0.70
Zonas residenciales		
Unifamiliar	0.30	0.50
Multifamiliares espaciados	0.40	0.60
Multifamiliares compactos	0.60	0.75
Semiurbanos	0.25	0.40
Casas habitación	0.50	0-70
Zonas Industriales		
Espaciados	0.50	0.80
Compactos	0.60	0.90
Cementerios y parques	0.10	0.25
Campos de juego	0.20	0.35
Patios de ferrocarril y terrenos sin construir	0.20	0.40
Zonas suburbanas	0.10	0.30

Tabla 3. Valores del coeficiente de escorrentía C, para diferentes tipos de terreno
Fuente: Manual de Agua Potable, Alcantarillado y Saneamiento (MAPAS)

Fórmula Racional Americana

La fórmula Racional Americana es una de las más utilizadas para estimar el caudal máximo asociado a una determinada precipitación de diseño. Normalmente se utiliza en el diseño de obras de drenaje tanto urbanas como rurales y además tiene la ventaja de no requerir información hidrométrica para la determinación de caudales pico extraordinarios (Breña,

2006).

La mayoría de los métodos empíricos se han derivado del Método Racional Americano, el
primero en aplicarlo fue Kuichling (1989). Sin embargo, otros autores citan que los principios
básicos de este método fueron desarrollados por (Mulvanay, 1951).

La ecuación de la fórmula racional americana es la siguiente:

$$Qp = 0.278\ c\ i\ A$$ ecn. 1

donde:

c = coeficiente de escorrentía en terreno natural (breña) c = 0.20 y en terreno urbanizado c
= 0.85

i = intensidad de lluvia, i = 57.9 mm/hr (obtenido de la estación climatológica de Tlajomulco)

A = área de superficie proyectada, A = 194 acres = 0.785 km².

Aplicación del modelo lluvia-escurrimiento

La estimación de gastos picos en una cuenca o en un terreno natural y/o urbanizado, es
demasiada compleja cuando no se cuenta con información hidrométrica, sin embargo, si se
cuenta con información climatológica se recurre a métodos estadisticos y probabilisticos,
todo esto para presentar alternativas de solución mediante obras hidráulicas, tales como:
rectificación de cauces y alivios, arroyos y canales de aguas pluviales.

La cuantificación y/o estimación de gastos pluviales se utilizó el modelo lluvia-
escurrimiento, dicha metodología consiste en determinar una altura de precipitación base, la
cual estará asociada a una duración de tormenta de 1 hora y un periodo de retorno Tr = 10
años. A partir de esta base se determina la altura de precipitación específica de diseño, para
lo cual la precipitación es afectada por tres factores que estan relacionadas con el tiempo de

concentración tc, área de la cuenca Ac y periodo de retorno Tr, según se haya elelgido para extrapolar.

Dichos factores se estimaron despues de varios análisis, esto con el objeto de establecer una relación congruente entre la cantidad de agua de lluvia y los volumenes escurridos, sus valores se han ordenado en un rango hasta 100 añso de periodo de retorno, como se muestra en la tabla 4.

Duración de la tormenta (hr)	Factor recomendado	Área de la cuenca km²	Factor recomendado	Periodo de Retorno (años)	Factor recomendado
0.50	0.79	1.00	1.00	2	0.67
1.00	1.00	10.00	0.98	5	0.88
2.00	1.20	20.00	0.96	10	1.00
8.00	1.48	50.00	0.92	25	1.15
24.00	1.50	100.00	0.88	50	1.25

Tabla 4. Factores de ajuste para determinar la precipitación específica de diseño
Fuente: Gerencia Regional de Aguas del Valle de México (GRAVAMEX)

5. Resultados y discusión

Los resultados revelan que el alto valor del suelo impulsa el crecimiento vertical, pero restringe la vivienda asequible. Las viviendas presentan limitaciones en términos de gobernanza y disponibilidad de recursos como es el caso del municipio de Tlajomulco, vinculados al deterioro de los ecosistemas, contaminación, pero sobre todo la lucha por el territorio, donde orilla a la población a habitar en espacios cada ves más confinados.

La dinámica de los espacios urbanos es el resultado de un entramado complejo de factores interrelacionados que influyen en la forma y ritmo de un crecimiento acelerado de las ciudades.

Tlajomulco de Zúñiga es uno de los municipios con mayor crecimiento poblacional en el país, tan solo entre 2005 a 2010, se incrementó la población a 293,007 habitantes (Inegi,

2010), como se muestra en la tabla 1 y una proporción muy significante de esta población se localiza y vive en el fraccionamiento Arvento con 3349 casas-habitación ocupadas de un total de 5165 casas construidas, como lo señalamos anteriormente

Sabemos que la expansión urbana e industrial sigue y seguirá transformando el paisaje de la región valles, lo que ocasiona un grave deterioro de los ecosistemas que proveen de servicios a la población, ejemplo como: fraccionamiento Arvento, Chulavista y Lomas del Mirador, por citar solo algunos, son producto de políticas ineficaces, como consecuencia de un crecimiento urbano desmedido, así como un cambio y uso de suelo, disminuyendo así la permeabilidad de los estratos superiores del suelo y alterando la relación precipitación-infiltración-escorrentía.

En Tlajomulco de Zúñiga, el modelo extractivista agrícola ha jugado un rol central en la vulnerabilidad de producción de soberanía alimentaria, favoreciendo a la agricultura tecnificada, implicando mayores riesgos ambientales de lo previsto, por la casi desaparición de especies nativas únicas de la región, tales como: maguey (*Agave guadalajarana*), trompetilla (*Bouvardia terrifolia*), Belladona (*Nicandra physalodes*), Hongo Variegado Norteamericano (*Panaeolus antillarum*), etc. cabe señalar que aun predominan y están en riesgo de extinción 6 especies endémicas de la zona valles de Tlajomulco.
Entendemos por extractivismo, aquellas actividades productivas de desposesión territorial que ocupan grandes extensiones de bienes comunales, afectando gravemente a las poblaciones originales (Alimonda, 2016).

Respecto a la susceptibilidad, se entiende como una medida de cuanto es afectada con base a sus características demográficas (Cutter, 2013). Arvento y las colonias antes citadas presentan cualidades particulares de vulnerabilidad, ya que la pobreza en la región se encuentra por encima de la media del estado de Jalisco, por arriba del 23.8% (IIEG, 2023), ubicándose así en el cuarto lugar con la pobreza más alta del estado de Jalisco (*ibid*).

Por otro lado, se entiende por exposición el grado de espaciamiento en el cual un grupo de personas podría verse afectado por un peligro (Birkmann, 2013). Debido a su localización geomorfológica, el municipio de Tlajomulco ha experimentado por lo menos 102 puntos con mayor riesgo de inundaciones, principalmente en la parte baja de la cuenca hidrográfica de Santa Fe, Chulavista y El Ahogado, como se aprecia en la figura 5. Las causas y consecuencias son debido a los procesos erosivos en las partes altas o fraccionamientos que se construyeron sobre arroyos o terrenos que funcionaban como vasos reguladores, identificados en el Atlas de Riesgos de Tlajomulco de Zúñiga, como puntos de alta probabilidad de inundaciones (Meléndez, 2020).

Figura 5. Identificación de puntos vulnerables a las inundaciones en el AMG
Fuente: Valdivia, 2022

Los resultados obtenidos fueron las descargas de los caudales pico antes y despues de la urbanización, así como sus gráficos del Hidrograma Unitario Triangular (HUT), tanto para caudales picos como para volumen retenido.

Para terreno natural (breña)
$$Qp = 0.278 * 0.20 * 57.9 * 0.785 = 2.527\ m^3/seg$$

Para suelo urbanizado
$$Qp = 0.278 * 0.75 * 57.9 * 0.785 = 10.64\ m^3/seg$$

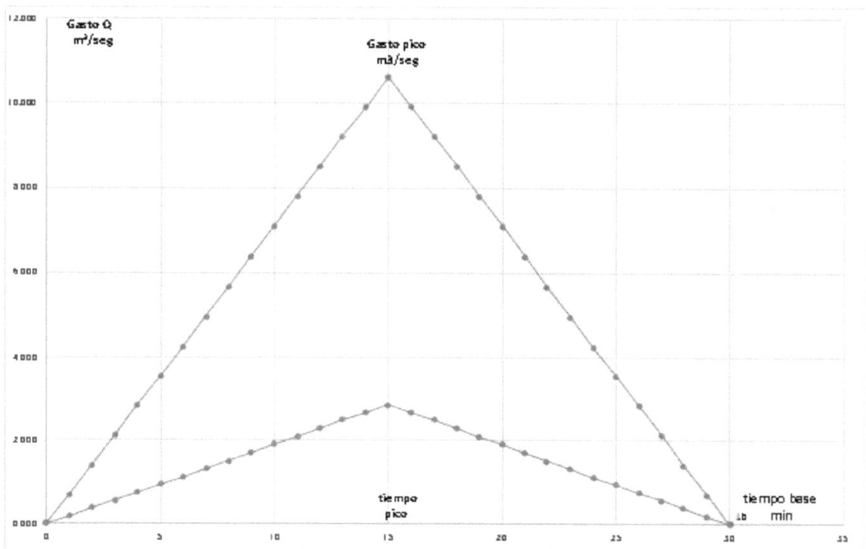

Conclusiones

La densidad de población de Tlajomulco de Zúñiga se dio a ritmos acelerados con tasas de crecimiento del orden del 13% muy por encima del promedio del AMG, debido a que la población se triplicó en los últimos 10 años de 123,610 a 416,625 habitantes.

Estos ritmos acelerados de crecimiento han marcado dos tipos de asentamiento, la primera consiste en localidades urbanas con gran densidad de población, mientras que la segunda son localidades y asentamientos irregulares y discontinuas, como es el caso de Arvento, identificando así una relación entre variables espaciales de expansión urbana y dispersa.

La principal problemática sigue siendo, como ya lo señalamos anteriormente un mal manejo de las aguas pluviales en temporal de lluvias, los sistemas de drenaje por separado e infraestructura de vasos reguladores en el municipio han sido insuficientes, esta problemática es ocasionada por una mala e ineficaz política de planeación e integración, sobre todo a la hora de autorizar los cambios de uso de suelo y se comienzan a urbanizar grandes extensiones de Áreas Naturales Protegidas, como está sucediendo en el cerro Viejo de Tlajomulco.

Debe tenerse presente que, en zonas de agostadero al efectuar el tránsito de avenidas máximas lo más probable que las secciones se saturen ocasionando desbordamientos y como consecuencia invadir una importante margen de las llanuras de inundación marcado por los niveles que anteriormente no se inundaban, lo que nos lleva a establecer nuevas márgenes en dichas llanuras de inundación.

Recomendaciones

Como recomendaciones se debe adquirir plena conciencia sobre el cuidado, protección y manejo del agua a través de una buena Gestión Integral del Agua, por un lado, reduce la escasez de agua y por otro evita que grandes volúmenes de agua se desperdicien.

Se debe de adquirir una conciencia clara de la importancia de la Gestión Integral del Agua, ya que por un lado reduce la escasez de agua donde se ve afectada la mayoría de la población (tan solo en el año 2024 todas las presas a nivel nacional se encontraban a un 30% de su capacidad máxima) y por otro evitamos que grandes volúmenes de agua se desperdicien en el temporal de lluvias.

Es indispensable que estas acciones de almacenar el agua de lluvia se lleven a cabo con criterios racionales, sistemáticos y al mismo tiempo una intensa campaña de reforestación, sobre todo en las partes altas de la cuenca.

Con todo la anterior arriba señalado, se puede observar que si queremos disponer de agua (sobre todo en el estiaje) es necesario detenerla y cosecharla con las obras hidráulicas adecuadas, de tal manera que el mayor volumen de precipitación pueda detenerse e infiltrarse o conducirla a los almacenamientos disponibles.

Además de la conducción del agua de lluvia a los almacenamientos tanto superficiales como subterráneos disponibles como: lagos, manantiales y otros cuerpos de agua, la recarga de agua hacia los mantos acuíferos es una práctica recomendable ya que resuelve varios problemas: reduce la evapotranspiración y el estrés hídrico, mitiga las avenidas máximas, reduce la erosión y evita el azolvamiento en presas, cuerpos de agua, tierras de cultivo y poblaciones en zonas vulnerables.

Referencias bibliográficas

- **Aguilar**, J. O. *et al,* (2005). *Diagnóstico ambiental en la cuenca El Ahogado y las zonas aledañas de La Primavera y Cajititlán.* I Foro de Investigación y Conservación del Bosque La Primavera, Zapopan, Jalisco.

- **Aguilera C. A. (2015).** *Caracterización de la subcuenca El Guayabo para el aprovechamiento de agua pluvial en el desarrollo urbano en la Zona Metropolitana de Guadalajara.* Trabajos de obtención de grado, Maestría en Proyectos y Edificación Sustentable. Instituto de Estudios Superiores de Occidente, Tlaquepaque; Jalisco.

- Alcántara Ayala, I. (2019). *Time in a bottle challenges to disaster studies in Latin America and the Caribbean.* Disasters, núm. 43, vol. 1, pp. 18.27. Disponible en; https://doi.10.1111/disa.12325

- Alimonda, H. (2016). *Notas sobre la ecología política latinoamericana: Arraigo, herencias y diálogos.* Revista de Ecología Política: Cuadernos de Debate Internacional, núm. 51, pp. 36-42. Disponible en: https://ecologiapolitica.info/?p_=6017

- Ambientum (2022). Características físicas y organolépticas. Grupo de Tratamiento de Aguas Residuales. Escuela Universitaria Politécnica de la Universidad de Sevilla.

- Barcena, A. (2001). Evolución de la urbanización en América Latina y el Caribe en la década de los noventa: desafíos y oportunidades. Información Comercial Española (ICE). Madrid, España.

- Bauman, Z. (2007). *Tiempos líquidos.* TusQuets Editores, Ciudad de México, México.

- Birkmann, J. (2013). *Risk.* Edited by Peter T. Bobrowsky. Encyclopedia of Natural Hazards. Encyclopedia of Earth Sciences Series, pp. 856-861. Dordrecht, Holland: Springer. Disponible en: https://doi.org./10.1007/978-1-4020-4399-4

- Bobrowsky, P. (2013). *Encyclopedia of Natural Hazards.* Springer, Dorchester; 1135 pp. Dordrecht, Holland. Disponible en: https://doi.org/10.1007/978-1-4020-4399-4

- Bocco, G. (2019). *Vulnerabilidad, adaptación y resiliencia social frente al riesgo ambiental. Teorías subyacentes*. Investigaciones Geográficas, núm., 100. Disponible en: https://doi.org/10.14350/rig.60024

- Borsdorf, A. (2002). *Barrios cerrados en Santiago de Chile, Quito y Lima: tendencias de la segregación socio espacial en capitales andinas*. Luis Cabrales (coordinador). Latinoamérica: Países abiertos, Ciudades cerradas. Universidad de Guadalajara-Organización de las Naciones Unidas para la Educación la Ciencia y la Cultura, Ciudad de México, México. pp. 581-610.

- Brooks, D. (2025). Los Ángeles. Artículo publicado la columna American curios, Periódico La Jornada. Disponible en: https://www.jornada.com.mx/2025/01/13/opinion/021o1mun

- Breña Puyol, A. F., Jacobo Villa, G. A. (2013). Principios y fundamentos de la Hidrología Superficial. Universidad Autónoma Metropolitana. Disponible en: https://www.imta.gob.mx/biblioteca/libros_html/riego-drenaje/Hidraulica-de-canales.pdf

- Caro J. L., et al (2018). La urbanización en zonas de alto riesgo y su impacto hidrológico cero, subcuenca El Guayabo. Revista Latinoamericas el Ambiente y las Ciencias. Benemerita Universidad Autónoma de Puebla (BUAP). Vol. 9, num. 21, pp. 1657-1673. Puebla de Zaragoza, México. Disponible en: https://rlac.buap.mx/sites/default/files/9%2821%29-118.pdf

- Chávez Hernández, A. (2015). *Programa de Ordenamiento Ecológico Territorial del municipio de Tlajomulco de Zúñiga POETT*, Tlajomulco de Zúñiga, Jalisco. Disponible en: https://Tlajomulco.gob.mx/programa-de-ordenamiento

- De Anda Sánchez, J., Olvera Várgas, L. A., Lugo Melchor, O. (2022). *Consultoría para la generación del diagnóstico de calidad del agua en los ríos Santiago y Zula y sus afluentes como parte dela "Estrategia Integral para la recuperación del río Santiago"*. Fondo Noroeste, A. C. (FONNOR). Secretaría de Medio Ambiente y Desarrollo Territorial

(SEMADET). Centro de Investigación y Asistencia en Tecnología y Diseño del Estado de Jalisco, A. C. Guadalajara, Jalisco, México.

- Duhau, E. (2011). *La ciudad construida y las nuevas formas de producción del espacio urbano.* Patricia Urquieta (coordinador). Ciudades en transformación. Disputas por el espacio, apropiación de la ciudad y prácticas de ciudadanía. Posgrado en Ciencias del Desarrollo de la Universidad Mayor de San Andrés. Bolivia, Bolivia. Pp. 55-60.

- Eibenschutz, H. R. (2015). Repensar la metrópoli II. Políticas e instrumentos para la gestión metropolitana. Tomo I (1.a ed). Universidad Autónoma Metropolitana de México, D. F.. Disponible en: https://casadelibrosabiertos.uam.mx/gpd-repensar-la-metropoli.ii-dos-tomos.html

- Imeplan-UNAM (2021). Atlas Metropolitano de Riesgos. Zapopan, Imeplan-Universidad Nacional Autónoma de México. Disponible en: https://www.imeplan.mx/atlas-metropolitano-de-riesgos/

- Instituto de Información Estadística y Geográfica, IIEG (2020). *Pobreza laboral en Jalisco en el segundo trimestre de 2023.* Disponible en: https://www.iieg.gob.mx/ns/wp-content/uploads/2023/08/Ficha-informativa-Pobreza-laboral-2T-2023-20230829.pdf

- Instituto Nacional de Estadística y Geografía INEGI (2010). XIII *Censo General de Población y Vivienda 2010 México.* Disponible en: www.inegi.org.mx/programas/ccpv/2010/default.html#tabulados

- Kendra, J., Clay, L. and Gill, K. (2018). *Resilience and Disaster.* In H. Rodríguez, W. Donner and J. Trainor (Eds.) Handbook of disaster research, pp. 87-108. Cham, Switzerland: Springer. Disponible en: https://doi.org/10.1007/978-3-319-63254-4

- Legorreta, J. (2006). El agua y la ciudad de México. De Tenochtitlan a la megalópolis del siglo XXI. Universidad Autónoma Metropolitana, Unidad Azcapotzalco. México, D. F.

- Macías, J. M. (2015). *Crítica de la noción de resiliencia en el campo de estudios de desastres.* Revistas Geográfica Venezolana, vol. 56, núm. 2, pp. 309-325. Universidad de los Andes. Mérida, Venezuela. Disponible en: www.redalyc.org/pdf/3477/347743079009.pdf

- Martínez Castillo, R. (2010). *La importancia de la educación ambiental ante la problemática actual.* Revista electrónica Educare, vol. XIV, núm. 1. Enero-junio 2010, pp. 97-111. Universidad Nacional Heredia, Costa Rica.

- Manyena, S. B. (2006). *The concept of resilience revisited.* Disasters, num. 30, vol. 4, pp. 434-450. Disponible en: https://doi.org/10.1111/j.0361-3666-2006.00331.x

- Melendez, V. (2020). *Identifican 102 zonas de inundaciones, hay 120 sin atender.* Canal 44 de la Universidad de Guadalajara. Disponible: https://udgtv.com/noticias/identifican-en-tlajomulco-102-zonas-de-inundacion-hay-20-sin-atender/14319

- Michel Parra, J. G. (2017). Guía para la Protección Conservación y Manejo (PCIM) de los Humedales. Caso "Laguna de Zapotlán, Jalisco" Sitio Ramsar No. 1466. Editorial Porrúa. Centro Universitario Sur de la Universidad de Guadalajara.

- Moreira, *et al.* (2018). Manejo integrado de cuencas hidrográficas: posibilidades y avances en los análisis de uso y cobertura de la tierra. Cuadernos de Geografía: Revista Colombina, vol. 29, num. 1. Pp. 69-85. Disponible en: https://www.redalyc.org/journal/2818/281863455006/html/

- Mulvaney, T. J. (1851). On the use of self-registering rain and flood gauges in making observations of the relation of rainfall and of flood discharges in a given catchment. Institute Civil Engineering Ireland, vol. 4. Dublin.

- Norris, F. et al, (2008). Community resilience as a metaphor, theory, set of capacities and strategic for disasters readiness. American Journal of Community Psychology, num. 41, vol. 1, pp. 127-150. Available in: https:/doi_10-1007/s10464-9156-6

- Olcina, C. J. (2008). Prevención de Riesgos: Cambio Climático, Sequías e Inundaciones.

Panel científico-técnico de seguimiento de la política del agua. Departamento de Análisis Geográfico Regional y Geografía Física. Universidad de Alicante, España. Disponible en: https://rua.ua.es/dspace/handle/10045/23016

- Lara Guerrero, J. (2017). La expansión urbana orientada por el corredor Nuevo México-Tesistán en la periferia norte del municipio de Zapopan, Jalisco. Tesis Doctoral del programa Geografía y Ordenamiento Territorial de la Universidad de Guadalajara.

- Pesaresi, M. et al, (2017). *Atlas of the Human Planet 2017*. Global Exposure to Natural Hazards. Publications Office of the European Union, Luxemburgo. Disponible en: https://doi.10.2760/19837

- Taiba Guerrero, S. D. (2020). *Creación de un indicador de resiliencia para evaluar la adaptación de la red de agua de una ciudad a los efectos del cambio climático*. Memoria para optar por el Título de Ingeniería Civil Química. Universidad de Chile, Facultad de Ciencias Físicas y Matemáticas, Departamento de Ingeniería Química, Biotecnología y Materiales. Disponible en: https://repositorio.uchile.cl/bitstream/handle/2250/179189/Creacion-de-un-indicador-de-resiliencia-para-evaluar-la-adaptacion-de-la-red-de-agua-de-una-ciudad-a-los-efectos-del-cambio-climatico.pdf

- Tierney, K. (2014). The social roots of risk: Producing disasters, promoting resilience. California, EE.UU. Stanford University Press. Available in: https://www.sup.org/books/title/?id=18573

- Tucci, C. E. (2007). Gestión de inundaciones urbanas. Instituto de Pesquisas Hidráulicas de la Universidad Federal do Río Grande do Sul, Brasil. Universidad Nacional de Córdoba. Instituto Superior de Recursos Hídricos, Argentina.

- Valdivia O. L. (2002). Riesgos naturales en el Área Metropolitana de Guadalajara. Observatorio Geográfico de América Latina. Disponible en: https://observatoriogeograficoanericalatina.org.mx/index.html

- Valdivia O. L. (2021). En riesgo de inundación 350 puntos del AMG. Gaceta Universitaria de la Universidad de Guadalajara, Jalisco, México. Disponible en: www.udg.mx/noticia/en-riesgo-de-inundacion--350-puntos-del-amg

- Valdivia O. L. (2022). Actualización del Atlas de riesgo por inundaciones en el AMG propuestas y mitigación. Prensa Universidad de Guadalajara. Disponible en: www.youtube.com/watch?v=Z43uHObbGGa&t=1525s

- Vieria, M., Wambeke, J. (2013). Captación y Almacenamiento de Agua de Lluvia. Opciones técnicas para la agricultura familiar en América Latina y El Caribe. Organización de las Naciones Unidas para la Alimentación y la Agricultura FAO. Fondo Internacional para el Desarrollo de la Agricultura (FIDA) y la Cooperación Suiza. Santiago de Chile, Chile.

Índice

Printed by Books on Demand GmbH, Norderstedt / Germany